ABEILLES.

EXTRAIT

DU QUATRIÈME COURS GRATUIT

SUR

L'ÉDUCATION ET LA CONSERVATION DES ABEILLES,

Fait en 1821 d'après l'autorisation de S. Exc. le Ministre secrétaire d'État au département de l'intérieur;

PAR M. LOMBARD,

De la Société royale et centrale d'Agriculture, correspondant de plusieurs autres Sociétés.

A PARIS,

DE L'IMPRIMERIE DE MADAME HUZARD

(née VALLAT LA CHAPELLE),

Rue de l'Éperon-Saint-André-des-Arts, n°. 7.

1821.

Extrait des *Annales de l'Agriculture française*, 2e. Série, tome XVI.

ABEILLES.

EXTRAIT
DU QUATRIÈME COURS GRATUIT
SUR
L'ÉDUCATION ET LA CONSERVATION DES ABEILLES,

Fait en 1821 *d'après l'autorisation de S. Ex. le Ministre secrétaire d'État au département de l'intérieur.*

SUR l'invitation de Son Excellence, plusieurs de MM. les préfets ont envoyé des jeunes gens pour suivre ce cours ; ils sont venus des départemens des Pyrénées-Orientales, de l'Aude, des Landes, des Côtes-du-Nord, de la Charente-Inférieure, du Jura ; y ont assisté aussi des propriétaires des départemens de Saône-et-Loire, de la Haute-Marne, du Finistère, de Vaucluse, du Rhône, etc., de Paris et des environs.

Ce cours a eu lieu depuis le 20 mai jusqu'au 12 août.

La cinquième édition de mon ouvrage sur les abeilles (1) a fait la base de ce cours. Comme, le

(1) *Manuel des Propriétaires d'abeilles*, cinquième

jour de la clôture, j'ai fait un résumé contenant les points principaux sur la manière de soigner les abeilles, je crois devoir les rappeler ici.

Swammerdam, *de Maraldi*, *Réaumur*, *Schirac* et M. *Huber*, nous ont devoilé l'histoire naturelle des abeilles.

D'après leurs expériences, il est avéré que chaque peuplade d'abeilles est composée d'une seule reine, femelle de l'espèce, destinée à peupler la ruche, de faux-bourdons, qui sont les mâles, et d'abeilles ouvrières, qui sont des femelles, mais qui, dans leur premier âge, n'ont pas reçu la nourriture propre à leur entier développement.

Il est reconnu que les reines-abeilles sont ovipares, c'est-à-dire pondent des œufs, que de chaque œuf il sort un ver blanc qui file une coque autour de lui, puis se change en chrysalide ou nymphe avant d'arriver à l'état parfait.

Les abeilles arrivent à l'état parfait à compter du moment de la ponte; savoir, le mâle, le vingt-sixième jour; l'abeille ouvrière, le vingt-deuxième jour, et la reine, dès le seizième : ces œufs, ces vers, ces nymphes, sont ce que l'on nomme le *couvain*.

édition. Prix 2 fr. 50 c. et 3 fr. par la poste, chez moi, rue des Saussaies, n°. 11.

Il est reconnu que les abeilles d'une ruche qui perdent leur reine, ont la faculté de s'en procurer une autre avec un ver de leur sorte de trois jours et au-dessous, en lui donnant une nourriture propre à son entier développement.

Il est reconnu que les faux-bourdons naissent à chaque printemps en même temps que les reines ; qu'ils sont destinés à les féconder, non dans les ruches, mais dans le vague de l'air, en volant, comme dans presque toute la famille des mouches : ils sont encore utiles, en ce qu'ils couvent la progéniture de la reine, tandis que les abeilles ouvrières parcourent la campagne pour approvisionner les ruches; et lorsque les jeunes reines ont été fécondées, et que la grande ponte des reines est finie, ces faux-bourdons sont chassés et exterminés par les abeilles ouvrières, comme étant alors à charge à la peuplade.

Dans chaque ruche, on connaît deux classes d'abeilles ouvrières : les unes, que l'on désigne par *abeilles cirières*, sont destinées à ramasser le miel dans les fleurs, à le convertir en cire, avec laquelle elles construisent leurs édifices, pour y contenir et élever la progéniture de leur reine, et pour y placer le miel nécessaire à la nourriture de la peuplade pendant la mauvaise saison. L'autre classe se compose d'*abeilles nourrices,* qui prennent soin du couvain, apportent à leurs jambes des pelotes de pollen, qui, pétries avec du miel, font une espèce de bouillie qu'elles distribuent au couvain; ordre admirable, qui prévient la confusion dans des réunions aussi nombreuses!

En général, on peut considérer l'intérieur des ruches d'abeilles comme étant divisé en trois parties : dans le haut, premier tiers environ, on ne trouve que des rayons de miel; c'est le grenier d'abondance des abeilles : dans le centre, deuxième tiers, un peu sur le devant, est la progéniture de la reine, placée là comme étant le lieu le plus chaud; ce centre est environné de rayons contenant du miel et du pollen : dans le bas, troisième tiers, on ne trouve en général que des rayons, dont les alvéoles sont vides, mais qui cependant sont utiles aux abeilles, en ce que les jours où le miel abonde dans les fleurs, celles qui reviennent en foule ayant l'estomac plein de miel, empressées de retourner à la récolte, ne se donnent pas le temps de le monter dans le haut des ruches; elles le dégorgent dans les alvéoles du bas, et le montent dans le haut pendant les nuits suivantes.

C'est la connaissance de cet intérieur des ruches qui a déterminé le choix de celles que j'ai adoptées, et j'ose dire que plus on les pratiquera, plus on en sentira les avantages.

Ma ruche, dans le principe, n'était qu'en deux parties, décrites dans mon ouvrage ; la connaissance de l'intérieur des ruches m'a déterminé à faire l'essai de la diviser en trois parties, qui, cette année, nous ont donné la facilité de faire des essaims artificiels, et nous ont procuré l'avantage de renouveler plus facilement et plus promptement l'intérieur des ruches, en se gardant bien de renoncer au couvercle bombé, qui maintient les ruches saines pendant la mauvaise saison, ainsi que je l'ai démontré dans mon *Manuel*.

Actuellement nous allons parler des essaims artificiels, je ne puis trop revenir sur cet objet.

Il y a quinze ans que j'ai publié une manière de faire des essaims artificiels, cette publication a donné lieu à des essais parmi des propriétaires d'abeilles, tellement qu'aujourd'hui on en fait de cinq à six manières. J'employais alors des moyens minutieux, je m'en suis affranchi, et actuellement je fais des essaims dans un instant avec la plus grande facilité.

Pour bien saisir le temps de les faire, je dois entrer dans quelques détails.

Des essaims artificiels.

La ponte des reines-abeilles a une révolution annuelle : elle est modérée pendant six mois, suspendue pendant l'hiver; à l'approche du printemps et pendant la saison des fleurs, elle est prodigieuse.

Dans les dix à douze derniers jours de cette ponte, elle est entremêlée d'œufs d'où doivent sortir des reines et des mâles : les premières, destinées à remplacer leur mère dans la ruche et pour la succession des essaims; et les mâles, pour les rendre fécondes.

Cette ponte finie, les mères sont légères : l'horreur que leur inspirent alors les jeunes reines encore dans leurs alvéoles, cause en elles une telle agitation, cette agitation un tel désordre dans les ruches, et ce désordre une chaleur qui, de 27 à 28 degrés, température ordinaire de l'intérieur des ruches, s'élève subitement à 32 degrés : les abeilles, ne pouvant supporter cette chaleur subite, se précipitent hors des ruches avec la reine-mère; ce qui forme le premier essaim annuel de chaque ruche. Les essaims qui succèdent sortent par les mêmes causes.

Si le temps est contraire à la sortie des essaims, les reines-mères détruisent toutes ou presque toutes les jeunes reines dans leurs alvéoles, et alors il n'y a point ou peu d'essaims.

Les temps contraires à la sortie des essaims, lorsqu'ils se prolongent pendant quelque temps, sont les vents du nord, le froid, le temps couvert et les pluies.

Dans notre climat du centre, les œufs de l'année précédente qui se sont conservés pendant l'hiver, commencent à éclore au mois de février; la grande ponte annuelle des reines suit, et finit en mai et juin, époque de la sortie des essaims. Dans d'autres contrées, elle commence et finit un peu plus tôt ou un peu plus tard.

Au printemps de cette année 1821, il y a eu un retard dans la grande ponte des reines : les mâles, qui, dans notre climat, paraissent communément fin d'avril ou commencement de mai, n'ont paru qu'à la fin de juin et au commencement de juillet; nous avons eu la preuve de ce retard dans une ruche vitrée : le 10 juillet, les alvéoles des bourdons étaient encore fermés; et comme ils arrivent à leur état parfait vingt-six jours après la ponte des œufs de leur sorte, il en résulte que la grande ponte n'a lieu qu'en juin; aussi les essaims n'ont paru qu'à la fin de juin et en juillet : cette espèce de dérangement a eu lieu à cause des froids prolongés du printemps.

L'apparition des faux-bourdons tôt ou tard indique l'époque où nous pouvons faire des essaims : si nous en faisions quand il n'y a point encore de mâles, les jeunes reines ne pourraient être fécondées, et les ruches, ainsi dénaturées, seraient perdues.

PRÉCEPTE. — *Dans tous les climats, on peut tirer des essaims des ruches lorsqu'on y aperçoit des faux-bourdons, parce qu'alors il y a du couvain de jeunes reines.*

J'ai deux espèces de ruches, l'une en deux parties, l'autre en trois.

Celle en deux parties est décrite dans la cinquième édition de mon ouvrage; elle se compose du corps de la ruche, tissue en paille, boudinée d'un pied dans œuvre, et de 13 à 14 pouces d'élévation (voy. dans mon *Manuel, Pl. II, fig.* 1). A la partie supérieure de ce corps de ruche, intérieurement et bien à fleur, on met une planchette légère pour empêcher que les rayons du couvercle ci-après ne tiennent avec ceux du corps de la ruche, bien entendu que, dans une partie de la circonférence de cette planchette, il faut des ouvertures pour que les abeilles puissent monter dans le couvercle, et aussi pour faciliter l'écoulement des eaux, des vapeurs, qui pendant l'hiver s'élèvent au haut des ruches, et encore pour le dégagement de la fumée, lorsqu'il est nécessaire d'en faire usage. (Voy. la forme de cette planchette, *Pl. II, fig.* 2, qui la représente vue de face.)

Sur le corps de la ruche est un couvercle dont la base est du même diamètre que la ruche ; couvercle qui, dans son élévation, est convexe et a 4 à 5 pouces de profondeur dans œuvre (voyez *idem, fig.* 1) : je dis 4 à 5 pouces de profondeur. Si on le faisait plus profond, on y trouverait communément du couvain lors de la dépouille ; ce qui serait embarrassant, parce que les abeilles ne l'abandonnent pas facilement.

Mon autre ruche en trois parties est en tout du même diamètre, de la même élévation et extérieurement de la même forme que la première ; mais le corps de la ruche est divisé en deux parties égales, de 7 pouces d'élévation chacune, ayant chacune un plancher bien affleuré comme dessus : c'est une espèce de ruche à hausses, améliorée, en ce que chaque portion ou hausse donne une capacité propre à contenir toutes les abeilles de la ruche réunies, lorsque la mauvaise saison les oblige à cette réunion pour leur conservation commune et celle du couvain, alors concentré, sur lequel elles sont groupées ; ce que ne permettent pas les hausses à petites divisions.

Avec ces deux espèces de ruches, nous avons fait des essaims de deux manières.

Avec la première, nous avons fait des essaims,

à vue ; l'autre nous a procuré des essaims avec *la partie du centre.*

Pour se servir utilement de ces ruches, il faut qu'elles soient toutes d'un diamètre uniforme, afin de ne pas tâtonner en agissant. Pour obtenir ce diamètre, j'ai imaginé une espèce de plateau, sur lequel on doit commencer tous les corps des ruches et les couvercles ; j'en donne la description et la dimension dans la cinquième édition de mon ouvrage. (Voyez *Pl. II, fig.* 4 et 5.)

Il est à désirer que ce diamètre s'adopte généralement pour faciliter les communications entre les propriétaires d'abeilles, sauf, dans les cantons riches pour les abeilles, à donner au corps des ruches une plus grande capacité dans le sens de la hauteur.

Manière de faire des essaims à vue.

J'ai un tabouret carré de 22 pouces d'élévation sur 16 ; il est fermé de trois côtés, et a sa base à 7 pouces et demi de terre, avec planches clouées sur les montans et traverses d'assemblage : le haut est aussi fermé, mais il a une ouverture ronde, une lunette de 11 pouces de diamètre, ouverture bouchée en dessous avec un morceau de toile métallique claire, d'un pied en carré.

Ce tabouret est très-commode pour enfumer les abeilles sans danger lorsqu'on veut faire des essaims artificiels, des mélanges de plusieurs essaims ensemble; fumée que l'on se procure en mettant dans l'intérieur du tabouret une poêle fumante. (Voyez *Pl. II, fig. 9.*)

Ce tabouret, en bois de sapin, n'est pas coûteux; mais on peut y suppléer avec une chaise couchée, en enveloppant trois côtés avec du linge, afin que la fumée ne se perde pas, et avec toute espèce de vase donnant de la fumée.

Lorsqu'on veut faire des essaims *à vue,* il faut s'attacher aux ruches pleines et bien peuplées, et n'opérer que dans de beaux jours, depuis neuf à dix heures du matin jusqu'à trois heures.

La veille, ou deux heures avant de faire les essaims, il faut décoller les couvercles qui tiennent après les corps de ruches par la propolis que les abeilles ont mise à la jonction; il faut les décoller en y passant un fil de fer, aux deux extrémités duquel on fixe un morceau de baguette de 3 à 4 pouces de long, qui servent de poignées pour faciliter le décollement. Ce décollement se fait d'avance, afin que l'agitation qu'il cause ait eu le temps de se calmer.

Au moment de faire un essaim, on apporte le tabouret derrière la mère-ruche; on a la poêle ou autre vase contenant un feu modéré, sur lequel on jette de petits morceaux de linge ou de la bouze de vache en poussière, ce qui doit donner de la fumée et jamais de flamme. S'il en paraissait, il faudrait humecter un peu les matières inflammables, dans la crainte que la flamme ne gagne la ruche que l'on va mettre sur le tabouret, sur-tout si l'ouverture supérieure du tabouret n'est pas fermée par un morceau de toile métallique.

On met la poêle dans le tabouret; on bouche avec un linge l'ouverture par laquelle on a mis le vase fumant, afin que la fumée se porte toute dans la ruche d'où on va tirer l'essaim.

On enlève la mère-ruche, on la met sur le tabouret; au même moment, un aide met sur le tablier une ruche vide, pour recevoir les abeilles revenant des champs, sur laquelle on pose le couvercle de la mère, et immédiatement on met sur la mère une ruche sans plancher, afin de voir ce qui va s'y passer.

Dès ce moment, on voit des abeilles chassées par la fumée monter dans la ruche vide, se fixer aux parois, y former des groupes. Comme ces abeilles sont sans agitation et ne sortent pas de la ruche, on peut les regarder sans crainte à visage découvert; on tâche de voir la reine, on la cherche dans les groupes en plongeant la main nue dans la ruche et les ouvrant avec un scion garni d'un léger feuillage ; cela, encore une fois, n'excite ni agitation ni colère dans les abeilles, et on peut le faire avec une parfaite sécurité. Si on ne peut découvrir la reine et que l'on juge, par la quantité d'abeilles, que l'essaim est assez volumineux, on sépare doucement les deux ruches ; on rend immédiatement son couvercle à la mère, que l'on porte à quelques pas de distance, et à la place de la ruche mise pour recevoir les abeilles au retour des champs, on met la ruche contenant l'essaim, qui est bientôt grossi par les abeilles accoutumées à la même place. Sur l'essaim on met une ruche garnie de son plancher, les abeilles de l'essaim y montent bientôt, et alors on retire la ruche qui a servi à voir les abeilles sortir de la mère.

Tout cela doit se faire en huit à dix minutes.

Si la reine n'est pas dans l'essaim, on le reconnaît par l'agitation des abeilles qui en sont séparées : comme la mère n'est pas éloignée, on la remet à sa première place, pour donner aux abeilles la facilité d'y rentrer.

Les essaims *à vue* que nous avons faits pendant le cours de 1821 ont parfaitement réussi, à l'exception du dernier ; ils ont été faits en présence d'un grand nombre d'amateurs et de dames qui, avec étonnement, circulaient dans le rucher sans la moindre précaution, les abeilles ne s'en sont point offensées : parmi les spectateurs il y avait plutôt plaisir que la moindre crainte.

Le grand talisman, c'est une fumée modérée de la seule poêle mise dans le tabouret, qui, sans incommoder personne, ôte toute colère aux abeilles.

Je viens de dire que le dernier essaim que nous avons voulu faire à vue n'avait pas réussi, cela est venu de ce que la société, après avoir vu faire un *essaim de centre*, me demanda à en voir faire encore un *à vue :* je ne pus avoir de fumée que par le moyen d'un briquet phosphorique, fumée qui ne se soutint pas ; ce qui fut la cause que partie des abeilles qui étaient montées dans la ruche vide, redescendirent dans la mère-ruche.

La reine n'était pas dans l'essaim, ce que nous reconnûmes bientôt à l'agitation des abeilles séparées de leur mère. Ce petit événement fit plaisir aux personnes présentes, en ce que cela leur fit connaître le mouvement qui, parmi les abeilles, indique l'absence de la reine dans une ruche où il n'y a point de couvain, et conséquemment aucun moyen de la remplacer. On remit la mère à sa première place : la reine dans ce moment était sur le tablier, elle suivit sa ruche et se posa sur le surtout d'une ruche voisine, où elle fut bientôt entourée d'un groupe, qui nous la fit bientôt apercevoir. L'élève du département de l'Aude, M. *Andrieux*, les mains nues, la prit et la mit à l'entrée de la ruche, et tout fut bientôt calmé.

Manière de faire des essaims avec le centre de la ruche en trois parties.

Nous savons qu'à l'approche du temps des essaims il y a dans le centre des ruches du couvain de jeunes reines ; nous savons que, quand il n'y aurait pas de couvain de reines, il s'y trouve des vers de trois jours et au-dessous, avec lesquels les abeilles nourrices ont la faculté de se procurer des reines : cela est positif.

Pour faire ces essaims, il faut s'attacher à des ruches en trois parties, *pleines* d'abeilles et de rayons.

La veille, ou deux heures avant de faire l'essaim, il faut décoller la partie du centre.

Pour que les essaims *à vue* réussissent, il faut que les reines passent avec les abeilles que la fumée chasse des mères-ruches ; mais, pour les essaims du centre, il faut au contraire que les reines restent dans les mères-ruches.

Je dois faire remarquer ici un avantage important, qui est que, dans les deux manières de faire les essaims, les reines-mères ne peuvent détruire le couvain des jeunes reines, comme elles y sont portées quand la saison n'est pas favorable à la sortie des essaims ; ce qui nous procure ensuite des essaims naturels si la saison est favorable.

Au moment où l'on veut enlever le centre d'une ruche, il faut frapper modérément sur la partie inférieure, afin d'attirer la reine, qui, comme on le sait, accourt à l'endroit intérieur où elle a entendu du bruit : cela est causé par une espèce de sollicitude qu'elle a pour sa progéniture ; mais comme il n'y a pas toujours du couvain dans la partie inférieure, la reine y accourt moins vite. Pour être plus sûr de ne pas l'enlever, voici ce que nous faisons.

Un aide soulevant le couvercle, je prends le centre, que je pose sur le tabouret donnant un peu de fumée ; l'aide ayant posé immédiatement le couvercle sur la partie inférieure, je mets ces deux portions réunies sur celle qui était le centre ; après un instant de fumée, qui fait monter la reine dans les parties supérieures, j'enlève ces deux parties, que je pose sur une partie vide ; on met aussitôt un couvercle sur le centre, et on place ces deux parties sur une vide, mise sur le tablier où était la mère, et cette mère est placée à quelques pas dans le rucher.

Tout cela doit se faire en moins d'une minute,

en agissant toujours avec douceur : les précautions contre les piqûres sont inutiles.

Au surplus, comme ce que l'on voit s'imprime facilement dans l'esprit, je vais, comme je l'ai fait en 1820, figurer deux ruches telles qu'elles sont *avant* de faire un essaim, et telles qu'elles sont lorsqu'il est fait.

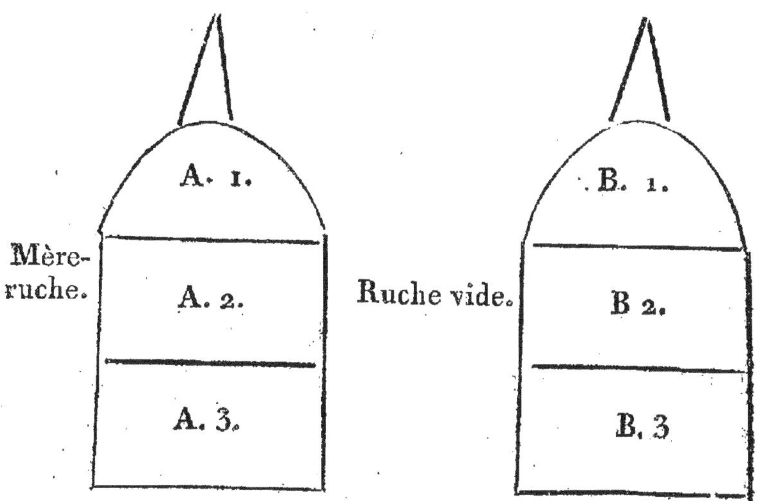

Voici encore une fois comme on opère :

Les trois parties de la mère A étant décollées, un aide soulevant A 1, on prend le centre A 2 que l'on pose sur le tabouret fumant, et sur ce centre on met immédiatement A 1 et A 3.

A la place où était la mère on met B 3 surmonté de B 1, pour recevoir les abeilles revenant des champs.

On prend A 1 et A 3 que l'on pose sur B 2, et on met le centre A 2 entre B 1 et B 3.

Les figures suivantes donnent le résultat.

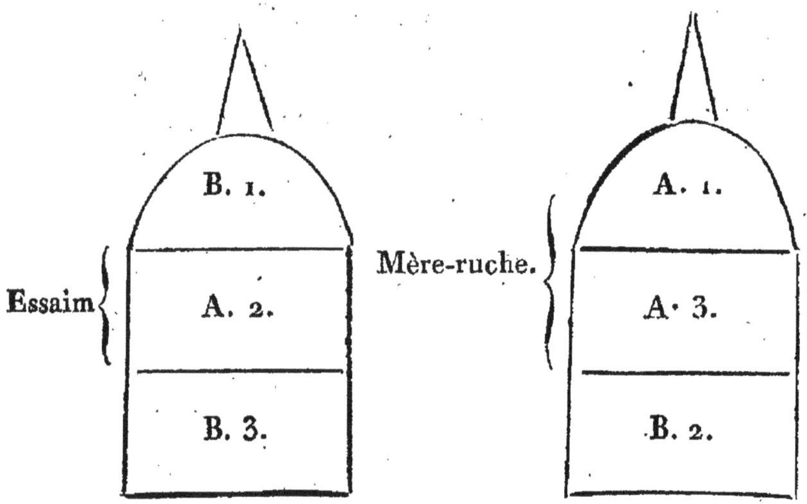

On voit que l'essaim se trouve à la place où était la mère, que l'on porte à quelques pas; l'essaim est grossi par les abeilles accoutumées à la place, ce qui le met aussitôt en activité. A l'égard de la mère, la reine continue sa ponte dans A3, et si la saison est favorable, B 2 est bientôt plein, et alors ou peut faire un second essaim avec A 3.

Ces essaims ne diffèrent point des essaims naturels, les uns se comportent comme les autres; il y en a, comme parmi les essaims naturels, qui travaillent plus les uns que les autres, cela dépend de la plus ou moins grande fécondité des reines.

Des ruches-mères dont on a tiré des essaims, en donnent ensuite de naturels.

Des essaims artificiels en donnent aussi quelquefois de naturels : un essaim artificiel du 29 mai d'une année précédente m'en a donné un le 29 juin; et cette année, 1821, un essaim du centre, du 28 juin, m'en a donné un naturel le 11 juillet.

D'après les exercices que les élèves ont faits avec des ruches vides, afin de se familiariser avec les procédés que nous avons employés pour faire des essaims *à vue* et *du centre*, il faut espérer que ces procédés se répandront tellement par notre exemple, que nous aurons des villageois qui parcourront les campagnes pour faire des essaims, comme il y en a en Allemagne qui parcourent les villages pour faire des essaims *à la Schirach*, essaims qui sont bien moins avantageux que ceux que l'on peut faire avec mes ruches.

Depuis peu j'ai eu communication d'un écrit sur les abeilles, adressé à la Société royale et centrale d'Agriculture, et j'ai reçu une lettre du directeur de la poste aux lettres de Verdun-sur-Saône, qui m'ont fait connaître d'autres manières de faire des essaims artificiels.

D'après l'écrit sur les abeilles, son auteur fait usage d'une ruche à hausses en menuiserie, hausses qui ont 8 pouces d'élévation ; elles sont octogones et d'environ un pied dans œuvre : à chaque hausse il y a deux planchers, un à fleur de la partie supérieure, un autre à celle inférieure ; à chaque plancher, il y a deux ouvertures de 2 pouces de long sur 18 lignes de largeur, passages qui se correspondent dans les deux planchers. A ces planchers l'auteur adapte des coulisses, dans lesquelles il insinue des plaques de fer-blanc, avec lesquelles il ferme les ouvertures à volonté, et alors les abeilles sont comme dans une boîte; ce qui donne, dit l'auteur, la facilité d'enlever les hausses, soit pour les dépouiller, soit pour faire des essaims artificiels.

L'auteur avoue que ces ruches sont coûteuses, et il ajoute *qu'il ne peut trop recommander aux personnes qui ne voudraient pas faire la dépense de ces hausses, de se servir de la ruche de M.* Lombard : ce sont ses termes.

Il y a huit à dix ans que le directeur de la poste aux lettres de Verdun-sur-Saône a adopté ma ruche et l'a répandue dans un canton de la Côte-d'Or où il était également directeur de la poste. Il faisait ses essaims avec les couvercles des mères-ruches : pour cela, il frappait sur les couvercles afin d'y attirer la reine, enlevait ces couvercles et les posait sur des corps de ruches vides ; le lendemain, il mettait les essaims à la place où étaient les mères-ruches : il assure que cela lui a toujours réussi. Je conçois ces procédés, mais cela devait retarder la récolte de ses couvercles.

Tout pesé, je crois que la manière de faire les essaims avec mes ruches est la plus simple.

Des essaims faibles ou tardifs. Moyen de n'en point avoir ou de les conserver.

Les essaims faibles ou tardifs de 1819 et de 1820, qui n'étaient pas à la portée des sarrasins et des bruyères, ont presque tous péri pendant les hivers et les printemps suivans, parce qu'ils n'avaient pas amassé assez de provision, et parce qu'on les a secourus trop tard et avec des sirops et des miels qui n'étaient pas propres à cet effet.

Tous les essaims, dans le premier temps de leur établissement, emploient le miel qu'ils rapportent, à vivre, à en construire les édifices de leur ruche, afin que la reine puisse y placer sa progéniture, et à nourrir le couvain : d'après cela, il est facile de concevoir que les essaims faibles et tardifs n'ont, à la fin de la saison, qu'une provision insuffisante pour exister jusqu'au printemps suivant. Il faut donc tâcher de ne point avoir ces sortes d'essaims, ou, si on en a, d'employer les moyens pour les conserver.

Moyen de ne point avoir des essaims faibles et tardifs.

En général, on regarde les troisième et quatrième essaims comme énervant leur souche et aussi comme étant peu profitables et difficiles à conserver jusqu'au printemps suivant : dans les contrées où on ne cultive pas le sarrasin et où il n'y a pas abondance de bruyères, il faut donc tâcher de ne point avoir de ces sortes d'essaims.

Ce qui cause la sortie des abeilles en essaim, c'est, comme nous l'avons ci-devant dit, lorsque, par un mouvement général des abeilles, la chaleur intérieure des ruches s'élève subitement à 32 degrés : c'est donc cette chaleur subite qu'il faut prévenir.

Lorsqu'une ruche a donné un ou deux essaims, il faut regarder son intérieur : si les rayons du bas sont visibles, la ruche ne donnera plus d'essaims; mais si les abeilles couvrent en masse les rayons inférieurs, c'est qu'elle se prépare à donner encore des essaims : pour en prévenir la sortie, il faut, avec trois ou quatre cales de 12 à 15 lignes d'épaisseur, tenir les ruches soulevées sur leur tablier tant que les rayons inférieurs ne seront pas visibles : l'air extérieur pénétrant alors dans l'intérieur des ruches par leur circonférence, s'il survient de l'agitation, elle aura lieu en partie hors des ruches ; la chaleur intérieure sera moindre et ne forcera pas les abeilles à sortir en essaims pour s'y soustraire.

Plusieurs de ces ruches soulevées procurent le plaisir de voir les abeilles prolonger leurs rayons, au point d'être obligé d'ajouter de deuxièmes cales sur les premières.

Lorsqu'on voudra rétablir les ruches sur leur tablier, il faudra, dans une matinée fraîche, couper la portion des rayons qui excédera la base de la ruche.

Je ne donne pas le moyen du soulèvement des ruches avec des cales comme infaillible, puisque des ruches de paysans, ayant des ouvertures dans toute leur circonférence, donnent des essaims : il est vrai qu'elles n'ont pas autant d'air qu'en donne le soulèvement des ruches sur les cales ; mais en supposant que ces derniers en donnent quelques-uns, je vais indiquer les moyens de les sauver.

Moyens propres à prévenir la perte des essaims faibles ou tardifs.

Ces essaims énervant les souches, le premier moyen c'est d'en enlever les reines pour faire retourner les abeilles à leurs mères : le moyen est facile, je l'indique au n°. 114, page 76 de mon ouvrage.

Le second moyen, c'est de les réunir aux ruches les moins fortes que l'on aura. Voici ce que je fais : je reçois les essaims faibles dans des couvercles de ruches, le soir j'apporte ces essaims près des ruches auxquelles je veux les réunir ; j'enfume modérément celles-ci, je fais tomber les essaims à terre et je pose sur chacun les ruches où je veux les loger, les abeilles y montent aussitôt : alors j'enfume encore un peu, et avec une baguette je frappe des coups modérés sur les ruches ; la fumée et le bruit opèrent le mélange, et les deux peuples vivent en paix. Autrement les abeilles premières établies dans les ruches tueraient toutes celles des essaims ; il y a ensuite combat entre les deux reines, les abeilles ne s'en mêlent pas.

Si enfin on veut essayer de conserver les essaims faibles, il faut les secourir dès le mois de septembre, les abeilles ayant encore de l'activité.

La meilleure nourriture que l'on puisse donner aux abeilles, c'est du miel *en état de liquidité*, afin qu'elles puissent facilement l'avaler pour le convertir en cire ou le dégorger dans les alvéoles de leur ruche. Pour peu que le miel ait de la consistance, il ne convient plus aux abeilles, qui ne peuvent en faire usage : c'est ce qui rend les secours qu'on leur donne en hiver ou au printemps, soit avec ces miels, soit avec des sirops épais, inutiles et même nuisibles, en ce que, après avoir léché ces miels et sirops, ne pouvant les avaler, elles se lèchent les unes les autres pour tâcher de s'en débarrasser ; ce qui fait une espèce de vernis qui, bouchant les organes de la respiration, les fait périr.

Pour avoir du miel en état de liquidité, il faut se procurer des rayons pris sur des ruches vives ; les alvéoles de ces rayons ayant été bouchés avec une pellicule de cire, le miel qu'ils contiennent, privé d'air, conserve sa fluidité.

Ma ruche donne toute facilité à cet égard, en ce que, en enlevant sur des mères-ruches des couvercles pleins au mois d'août, on a des rayons de miel à sa disposition : ces rayons de miel, qu'on ne doit détacher des couvercles qu'à mesure qu'on en a besoin, conservent le miel en état de fluidité d'une année à l'autre. Il faut conserver ces couvercles dans un lieu clos et non humide, et à l'abri des papillons de fausses teignes.

Chaque fois que l'on place des rayons de miel sous une ruche, ce qui suppose que les gâteaux ne descendent pas jusqu'à la table, on met en mouvement toutes les abeilles de la ruche, ce qu'il faut éviter, autant que cela est possible, en leur donnant, en deux à trois fois, 5 à 6 livres de miel en rayons, ce que l'on croit à-peu-pres suffisant.

Il faut mettre sur une assiette environ 2 livres de rayons et les donner le soir aux abeilles, elles travaillent aussitôt à en enlever le miel; le lendemain, dès le matin, si elles n'ont pas tout enlevé, il faut retirer ce qui reste, afin que les abeilles du rucher, attirées par l'odeur du miel, n'aillent pas le piller; le soir du même jour, on leur donne ce qui est resté de la veille en y ajoutant d'autres rayons, et ainsi successivement jusqu'à ce qu'on leur en ait donné 5 à 6 livres.

Si les gâteaux de cire de ces ruches qu'on veut secourir descendent jusque près de la table, on met sous ces ruches une hausse sans plancher, qui, en élevant ces ruches, donne la facilité d'y placer l'assiette contenant les rayons.

Si on ne voulait pas s'assujettir à retirer le matin ce qu'on aurait mis la veille sous les ruches, on peut enfermer les abeilles en mettant à leur entrée une petite plaque de bois mince ou d'ardoise, etc., criblée de trous qui puissent donner de l'air aux abeilles sans leur laisser la faculté de sortir.

Si on n'a que du miel qui ait de la consistance,

il faut le liquéfier avec un peu d'eau chaude, et, quand il est presque liquide, le répandre sur des rayons d'alvéoles vides, et le donner ainsi aux abeilles dans une assiette sous leur ruche; je dis *à mesure*, parce qu'en le liquéfiant d'avance il fermenterait bientôt et tournerait à l'acide.

C'est dans ces mêmes vues que cette année j'ai voulu donner aux personnes qui suivaient le cours un exemple de ce que l'on peut faire pour les abeilles au déclin de la belle saison. Par-tout où il n'y a ni sarrasin ni bruyères, dès le 15 juillet, les abeilles sont au dépourvu. J'ai montré les miennes dans la prospérité, par l'abondance des fleurs dès la fin de juin, fleurs qui se sont prolongées et se prolongeront jusqu'à la fin d'octobre, lesquelles sont de la bourrache, du réséda, de l'origan ou marjolaine, de la sariette vivace, de la mauve sauvage, des asters d'un grand nombre de variétés, etc. Nous avons vu les abeilles, continuellement sur ces fleurs, récolter le miel et le pollen.

J'ajoute encore le conseil de rentrer ces essaims faibles au mois de novembre dans une pièce absolument obscure, pour les préserver des vicissitudes des hivers, et ne les sortir qu'au mois de février.

Dans ce que j'ai dit, on verra peut-être bien

des détails et bien des soins ; mais est-il rien de plus triste que de trouver pendant l'hiver et à sa suite ses abeilles mortes ou mourantes, tandis qu'avec un peu de soins on jouit au printemps en voyant ses abeilles, soignées, pleines d'activité, donner des essaims et rendre au centuple le miel qu'on leur a donné pour leur conservation?

Je puis dire que la culture des abeilles s'améliore : d'après mes relations, il a été embarqué, en 1820, dans le seul petit port de Saint-Brieux, neuf cent quatre-vingt-quatorze barriques de miel.

A mon rucher, au Terne, près et hors la barrière du Roule, le 12 août 1821.

LOMBARD,

Demeurant à Paris, rue des Saussaies, faubourg Saint-Honoré, n°. 11.

www.ingramcontent.com/pod-product-compliance
Ingram Content Group UK Ltd.
Pitfield, Milton Keynes, MK11 3LW, UK
UKHW020442220726
13923UKWH00005B/2287